KEN賢KEN PUZZLE

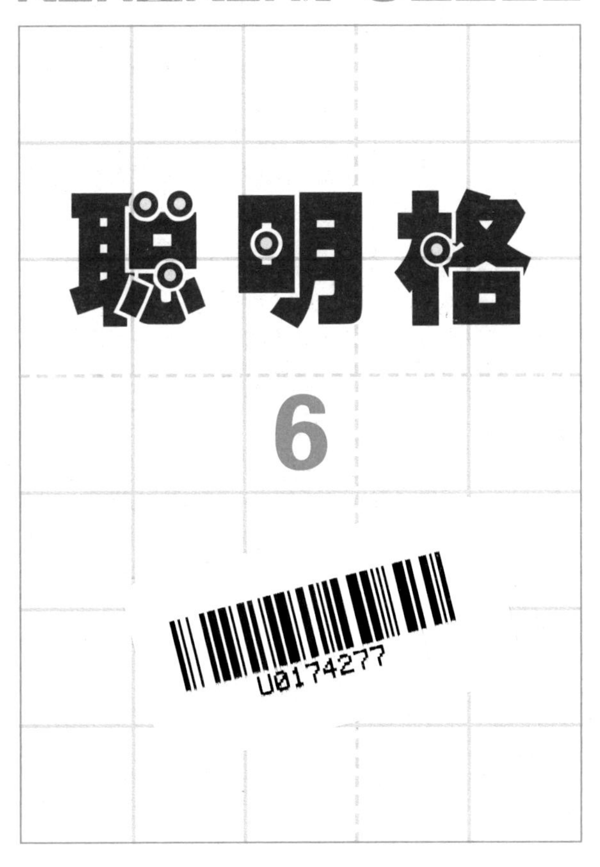

聪明格 6

乘法篇初级

【日】宫本哲也◆著

倪　杰　白玉兰◆译

华东师范大学出版社

·上海·

图书在版编目(CIP)数据

聪明格. 6,乘法篇. 初级/(日)宫本哲也著;倪杰,白玉兰译. —上海:华东师范大学出版社,2009
ISBN 978-7-5617-6729-0

Ⅰ.聪… Ⅱ.①宫…②倪…③白… Ⅲ.数学—智力游戏—普及读物 Ⅳ.O1-49

中国版本图书馆CIP数据核字(2009)第111346号

《聪明格》系列丛书
聪明格·6 乘法篇初级

原　　著 (日)宫本哲也
译　　者 倪　杰　白玉兰
项目编辑 孔令志
责任编辑 庄玉辉　徐惟简
装帧设计 卢晓红

出版发行 华东师范大学出版社
社　　址 上海市中山北路3663号　邮编200062
网　　址 www.ecnupress.com.cn
电　　话 021-60821666　行政传真 021-62572105
客服电话 021-62865537　门市(邮购)电话 021-62869887
地　　址 上海市中山北路3663号华东师范大学校内先锋路口
网　　店 http://hdsdcbs.tmall.com

印 刷 者 上海华顿书刊印刷有限公司
开　　本 700毫米×1000毫米　1/16
印　　张 5.75
字　　数 78千字
版　　次 2009年8月第一版
印　　次 2024年2月第十次
印　　数 40 901—44 000
书　　号 ISBN 978-7-5617-6729-0/G·4088
定　　价 18.00元

出 版 人 王　焰

如发现图书内容有差错，或有更好的建议，请扫描下面的二维码联系我们。

(如发现本版图书有印订质量问题,请寄回本社客服中心调换或电话021-62865537联系)

集数学逻辑之乐
衍科普教育之道

左焕琛
二〇〇九年六月

全国政协常委、上海科普教育发展基金会理事长、前上海市副市长左焕琛为《聪明格》题词

数独老头的话

欣逢《聪明格》出版10年后再增印之佳事，承蒙华东师范大学出版社领导厚爱，让我写几个字，谈"聪明格"与"肯肯数独"的关系。

2006年，我把逻辑游戏数独，推荐给时任《北京晚报》总编辑任欢迎先生，并于2007年2月报世界智力谜题联合会批准：北京晚报正式成为世智联的第一任中国会员。那年4月，本人作为中国数独队领队兼教练，带中国数独队赴捷克首次参加世界锦标赛。迄今，我亲临了12届世锦赛。

2013年，我编辑的中国第一本数独题型工具书《数独谜题英汉小辞典》出版了。在编辑中，我很奇怪，为何在世锦赛的赛题中，没有"肯肯数谜数独"题型。直到2017年我才获知：肯肯数独是数独界唯一享有商标权和著作权的谜题。同年12月，我应邀参加了纽约"2017年肯肯数独世界锦标赛"，迷上这个以基础算术为核心的数独。

大赛归来，为对得起被冠为"中国数独创始人"以及"数独老头"之誉，我决定全力推广肯肯数独，购买了肯肯数独在中国的全部商标、著作和其他知识产权。此时我才注意到，宫本哲也先生2004年的手工制作本在2009年就被华东师范大学出版社以"聪明格"之名出版了，尽管美国"肯肯数谜有限公司"早在2007年已经从宫本老师那里买下他的全部著作权和商标权，开始了"肯肯"的全球化。

在当时"肯肯数独"这个尚不被整个世界认可的时代，出版社根据原书名（*Kashikoku Naru* 越做越聪明）译成了"聪明格"，不得不说是一个漂亮的翻译。更值得我敬慕的是，出版社已建立了一个帮助孩子们"聪明"学习基础算术的大圈子。这是我力图推广肯肯之目的，亦是当年宫本老师为鼓励不喜欢数学的孩子们学习算术而创立的这套"肯肯数独－聪明格"的初衷。

现在，肯肯数独题不再是手工制作，而是由电脑设计了。在我们目前的题库中，有23万道题，今后我们非常乐意与华东师范大学出版社同仁们一道开发出更多的"肯肯"书籍。

我喜欢宫本老师的一句话："不为教而教的教育才是最好的教育。"

数独老头王幸村

2019年5月15日于伦敦

数学是好玩的

打开《聪明格·1　入门篇》,宫本老师向我们展示了一种轻松、有趣的“玩味”。神奇的数字伴随着线条在方格中“游走”。翻过一页又一页,你的思维链也慢慢打开了。不知不觉,你就成功地通过了数字思维的第一站。

不要为自己的“小聪明”而沾沾自喜哦。当你进入《聪明格·2　基础篇》,神奇的数字伴随着线条在方格中“游走”得不再那么轻松了,“玩味”开始升级,一不小心就会“误入歧途”。此时,千万别气馁,坚持不言败,数字思维的第二站就能顺利通过了。

玩过了“数字热身操”,当你对这些单调的数字符号开始产生兴趣时,宫本老师又将引领你进入计算模块。由加法、加减、乘法、乘除,到四则运算。数字的演算,从1～3之间不断升级到1～9之间,伴随着一次次的成功与失败,你会渐渐地领悟出这些方格中的数字所具有的“魔力”。书内同样的问题出现两次,是希望你通过两次思考,拓展思路,寻求新的解法。夹杂着喜悦与烦恼、宁静与不安、期待与失望、理智与冲动、悟性与愚钝的层层矛盾,推动着你通过数字思维的一站又一站。

在翻译《聪明格》(全套11本)的过程中,我们跟着宫本老师的思路走过了全程。从而对《聪明格》有了以上的感悟。宫本老师的本意,也许是为了让那些害怕数学的孩子对数学产生兴趣,告诉他们:数学也是好玩的。进而在数字游戏中训练思维能力,提高综合素质。作为长期从事青少年教育和教师培训工作的译者,经验告诉我们:成年人,尤其是家长,如果你在工作中感到有压力,生活中遇到烦心事,不妨拿起一本《聪明格》,暂时忘掉一切,走进“平面数字魔方”中玩一把。或许你会像孩子一样为走入“迷宫”、“误入歧途”而自嘲或沮丧,或许你会在其中获得心灵的宁静和意想不到的放松。对于身心的健康,《聪明格》不失为一贴“良药”。

亲爱的大小“玩家”,如果你把玩过彩色的立体魔方,那么这套“平面数字魔方”——《聪明格》丛书,又将会让你玩出怎样的“灵感”呢?

倪　杰　白玉兰

2009年4月于上海

千万不要教你的孩子怎么做

我在日本东京经营着一所算数教室。教室的宗旨是“不教”。2006年4月，日本广播协会(NHK)的新闻报道了我的算数教室之后，询问如潮水般涌来。但是教室只有我一个教师，不能接受很多的学生。因此，为了让更多的孩子能够使用宫本算数教室的教材，我编写了这套《聪明格》。

我的算数教室没有入学考试，按照入学时间分班。坚持到最后的大部分学生，进入了东京有名的初中。按照升学人数的多少，主要进入的学校有：开成、麻布、荣光、筑驹等男子学校；樱荫、菲丽丝等女子学校。(以上均为东京抢手的名牌初中，译者)

有很多人会认为：这些孩子原来就是非常优秀的，我家的孩子可不是哦。这里我要提醒各位家长，你错了。刚出生的孩子脑子里几乎什么都没有，就像一张白纸，能画最美的画。聪明的孩子不是一出生就聪明的，是在不断动脑筋的过程中一点一点变得聪明的。而《聪明格》就是一套使你孩子聪明起来的教材。

我的算数教室在开办初期，起点是小学四年级。某一天我突然想到如果从小学三年级起让孩子做一些数字游戏，坚持一年那该多有意思啊！于是怀着惶惑不安的心情为小学三年级学生开设了数字游戏班，想不到孩子们的进步超出了我的意料。虽然在小学四年级以后，课堂上不直接做数字游戏了，但是孩子们会运用在玩数字游戏中掌握的思维方式，认真、仔细地寻找解题方法和答案。所以，对孩子们不需要进行什么内容的特别教授，只要给他们环境和基本材料，他们就会自然而然地成长起来。

《聪明格·6　乘法篇初级》是针对那些害怕数学的孩子的。从第1页开始，循序渐进，计算能力和思考能力就会逐步地掌握、扎扎实实地提高。随着级别的提高，难度逐渐增加。最高级别的问题，连考上最好的中学的学生都感到很难。

本书的目的不是为了寻求答案，而是让孩子在“快乐中体会艰辛、艰辛中品尝快乐”的过程中渐渐变得聪明起来。为此，请求各位家长**千万不要教你的孩子怎么做**。孩子们要比我们想象的勇敢和顽强。即使他(她)暂时做不出、放弃了，也请不要将本书拿开。还是请将它放在你的孩子看得到的地方。也许某一天他(她)会鼓起勇气，再去挑战。说不定前一次怎么也解不开的结，就会被他(她)轻松地解开了。这时孩子们就会获得自信心。这就是生存的力量。

“每天以自己的方式、自己的节奏，进行新的挑战”，如果大家能记住这一点，并付诸行动的话，就离成功不远了。

宫本哲也

本书使用方法

本书收录的数字游戏的规则都非常简单。只要记住这些规则，就不会发生思维混乱。然后就是不断“转动你的脑子”，仔细地解题。当遇到怎么也解不开的问题时，暂时放一放，过几天再来挑战。不知不觉中，你就会发现，自己的脑子“进化”了。因此绝对不要放弃，急着去看答案。

在宫本算数教室里，学生按规则每完成《聪明格》1 个方格，就得 1 分。分数达到 250 分，就可进一级，并授予《段位认定书》。这个证书是孩子成长的证明，它可以刺激孩子的成就感，对提高孩子的学习欲望非常有效。

《聪明格・6　乘法篇初级》分为 10 级、9 级、8 级三个等级，各级别结束都附有《段位认定书》。各级别的题目都解开了，请在证书上写上孩子的名字和完成日期，对孩子进行表彰。

长期坚持的秘诀是：一次不要做得太多，轻松、快乐地“玩数字”。

那么，就让我们开始吧！

例题

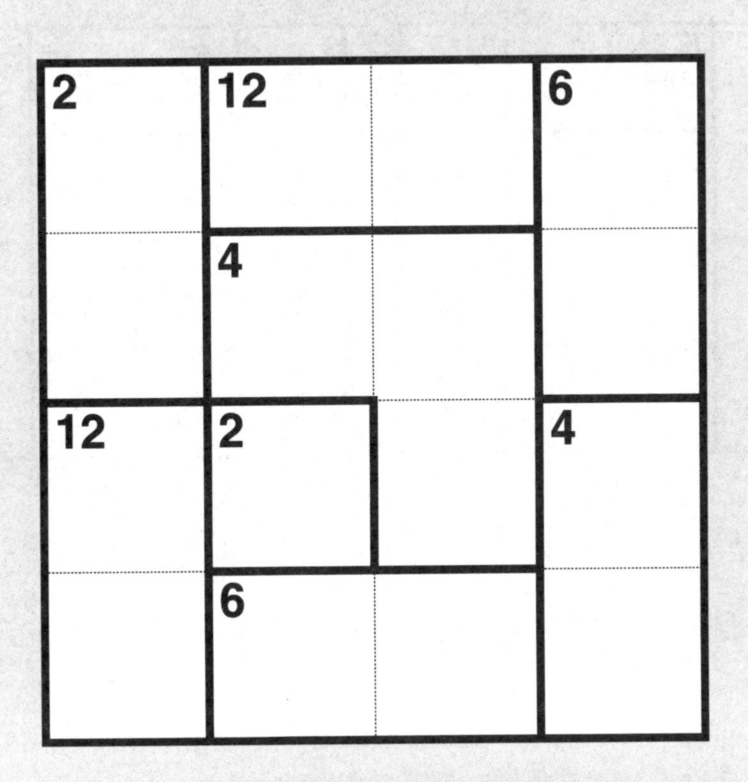

规则

1 在方格中分别填入 1~4 的数字

2 每一行、每一列都要分别填入 1~4 的数字

3 左上角的数字表示粗框内所填数字之积

解 法

问题

2 A	12 B	C	6 D
E	4 F	G	H
12 I	2 J	K	4 L
M	6 N	O	P

解答

2 1	12 4	3	6 2
2	4 1	4	3
12 3	2 2	1	4 4
4	6 3	2	1

解题预备

在方格表中填入 A～P，并在解答之前先确认一下规则。

解题步骤

1 从只有 1 个方格的地方开始，分别将左上角的数字填入方格中，即：J＝2

2 N×O＝6，只有{2, 3}组合满足条件。在 B～N 列中 J＝2，根据规则 2，N 不能选 2。所以，O＝2、N＝3

3 由 B×C＝12，得出{3, 4}组合。由于 B～N 列中已有 3，根据规则 2，B 不能选 3。所以，B＝4、C＝3，由此得出 F＝1

4 I×M＝12，M～P 行中已有 3，M 不能选 3。所以，I＝3、M＝4、P＝1

5 A×E＝2，只有{1, 2}组合满足条件。由于 E～H 行中 F＝1，所以，A＝1、E＝2

6 最后 D×H＝6，只有{2, 3}组合满足条件。E～H 行中 E＝2，所以，D＝2、H＝3

7 剩下的 G＝4、K＝1、L＝4

但是，以上的解题步骤并非唯一。根据最初的数字选择不同，以后进行的计算方法、化解的时间也会发生变化。在此，重要的不是解决方法，而是在不断的失败体验中，大脑得到锻炼，仔细、精确的计算习惯得以养成。

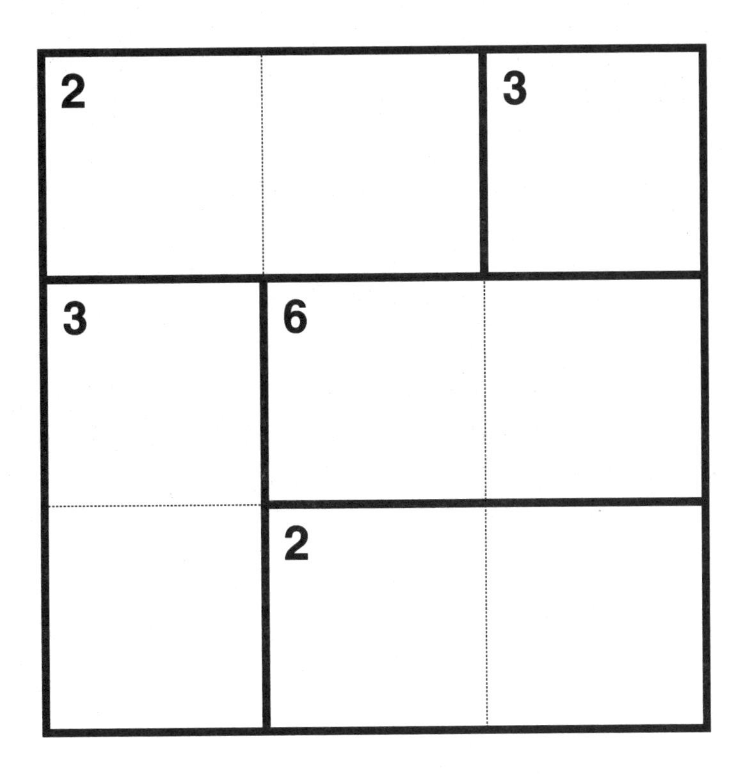

规则

1 在方格中分别填入 1~3 的数字

2 每一行、每一列都要分别填入 1~3 的数字

3 左上角的数字表示粗框内所填数字之积

10级 1

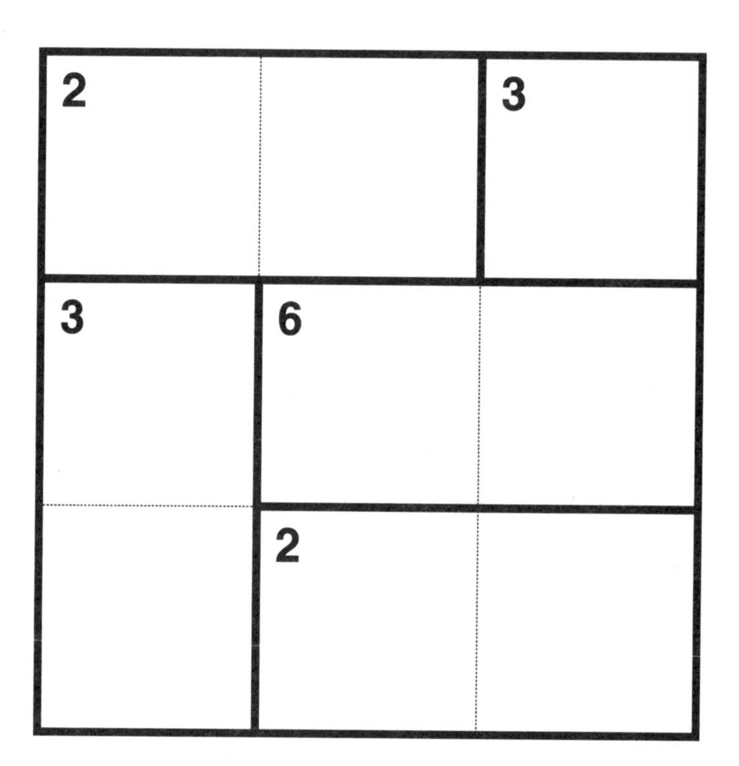

规则

1 在方格中分别填入 1~3 的数字

2 每一行、每一列都要分别填入 1~3 的数字

3 左上角的数字表示粗框内所填数字之积

10级 2

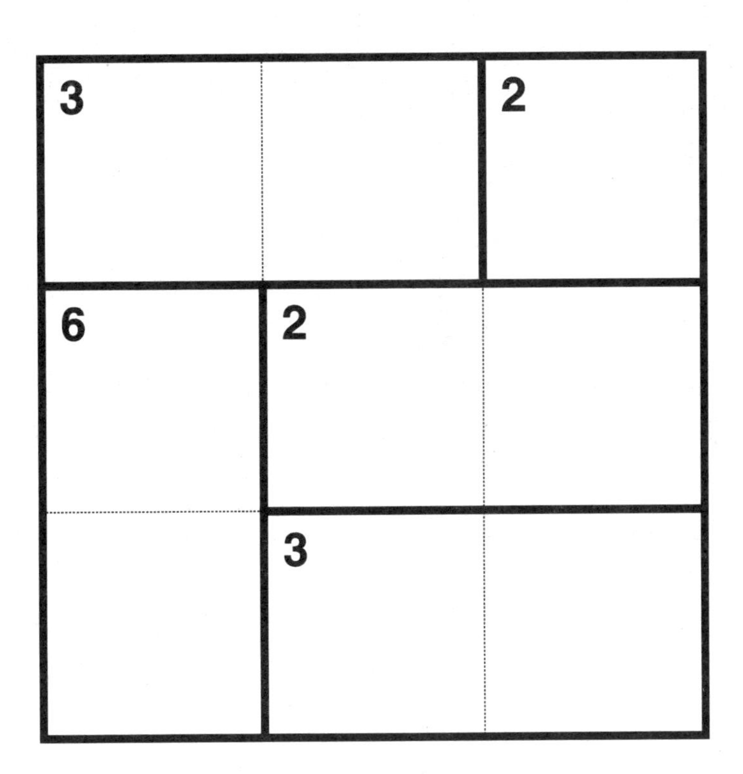

规则

1 在方格中分别填入 1~3 的数字

2 每一行、每一列都要分别填入 1~3 的数字

3 左上角的数字表示粗框内所填数字之积

10 级 2

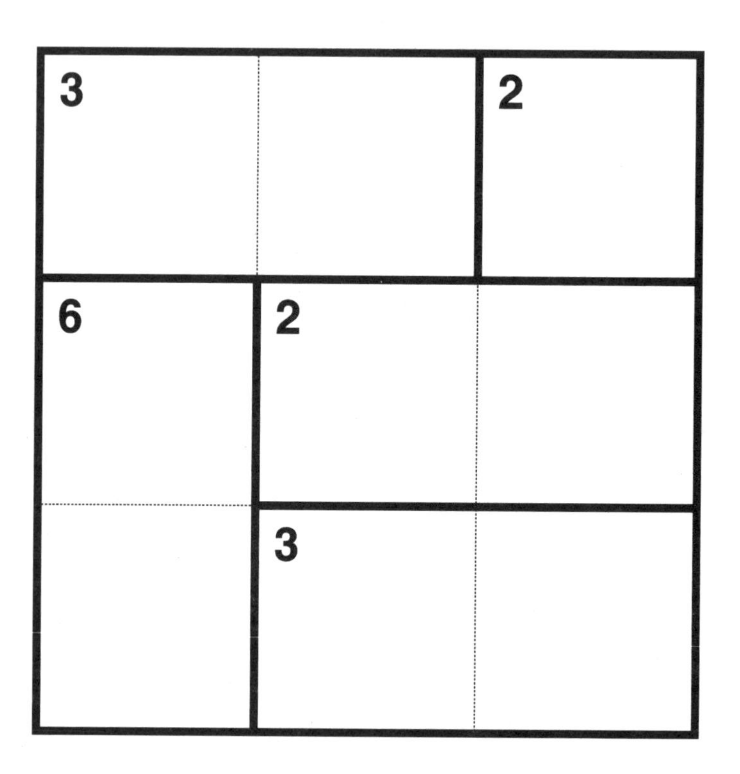

规则

1 在方格中分别填入 1～3 的数字

2 每一行、每一列都要分别填入 1～3 的数字

3 左上角的数字表示粗框内所填数字之积

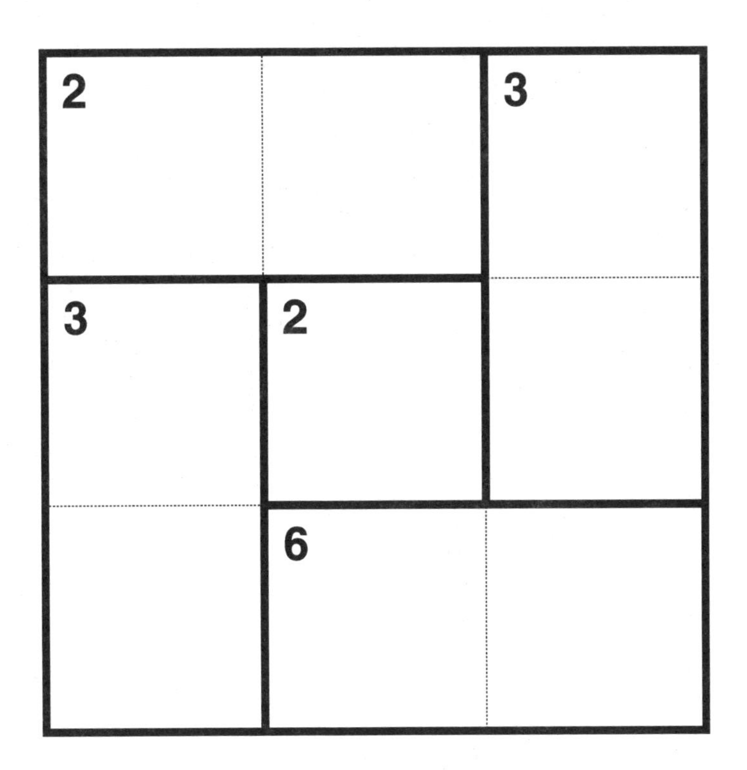

规则

1 在方格中分别填入 1～3 的数字

2 每一行、每一列都要分别填入 1～3 的数字

3 左上角的数字表示粗框内所填数字之积

10 级 3

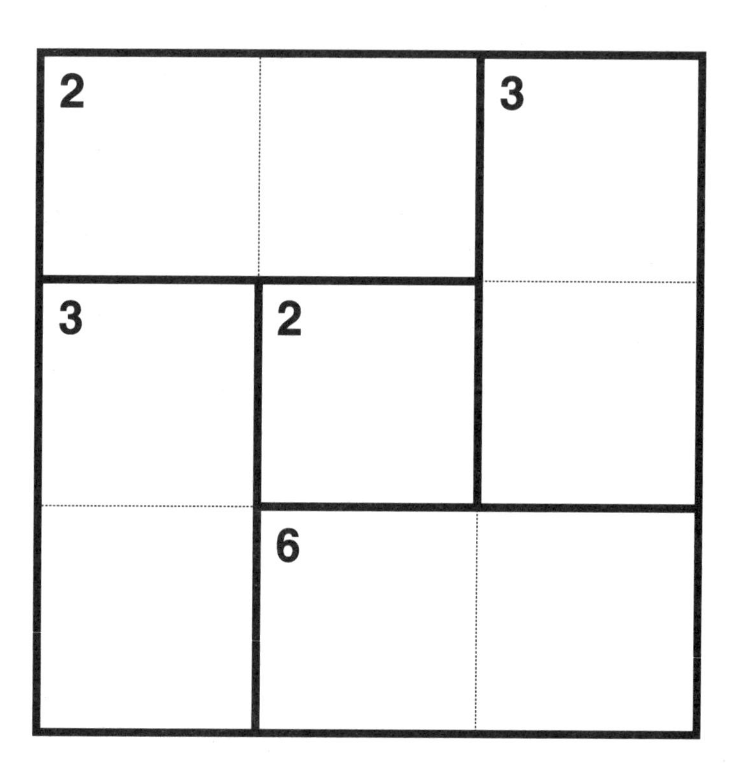

规则

1 在方格中分别填入 1～3 的数字

2 每一行、每一列都要分别填入 1～3 的数字

3 左上角的数字表示粗框内所填数字之积

3	6	3
		2
2		

规则

1 在方格中分别填入 1～3 的数字

2 每一行、每一列都要分别填入 1～3 的数字

3 左上角的数字表示粗框内所填数字之积

10级 4

3	6	3
		2
2		

规则

1 在方格中分别填入 1~3 的数字

2 每一行、每一列都要分别填入 1~3 的数字

3 左上角的数字表示粗框内所填数字之积

10级 5

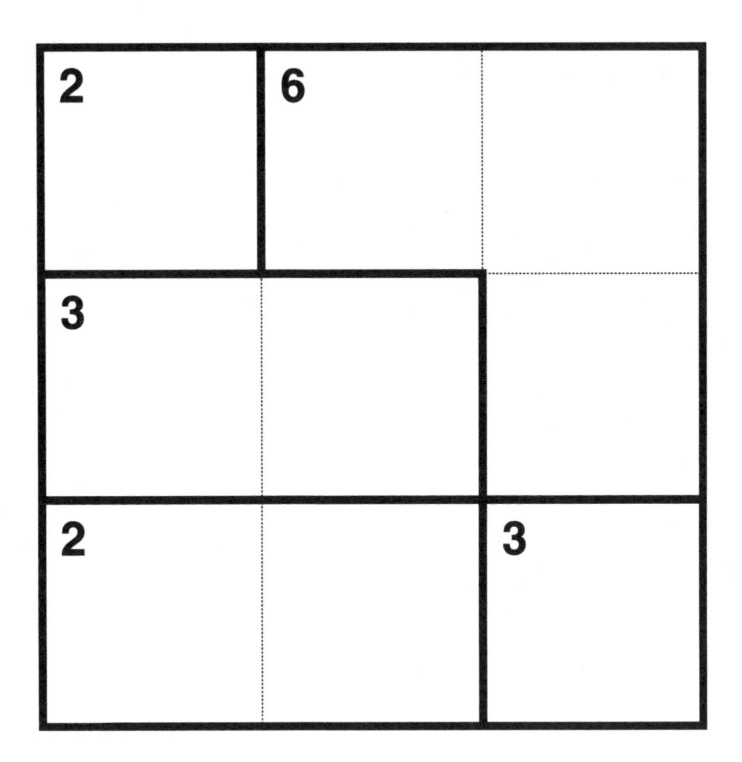

规则

1 在方格中分别填入 1~3 的数字

2 每一行、每一列都要分别填入 1~3 的数字

3 左上角的数字表示粗框内所填数字之积

10级 5

2	6	
3		
2		3

规则

1 在方格中分别填入 1~3 的数字

2 每一行、每一列都要分别填入 1~3 的数字

3 左上角的数字表示粗框内所填数字之积

10级 6

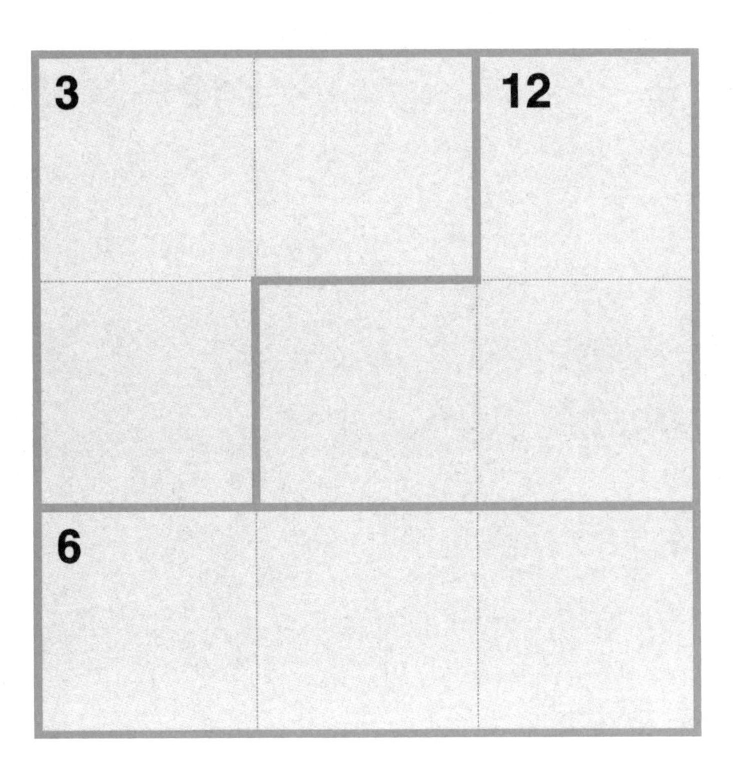

规则

1 在方格中分别填入 1~3 的数字

2 每一行、每一列都要分别填入 1~3 的数字

3 左上角的数字表示粗框内所填数字之积

10级 6

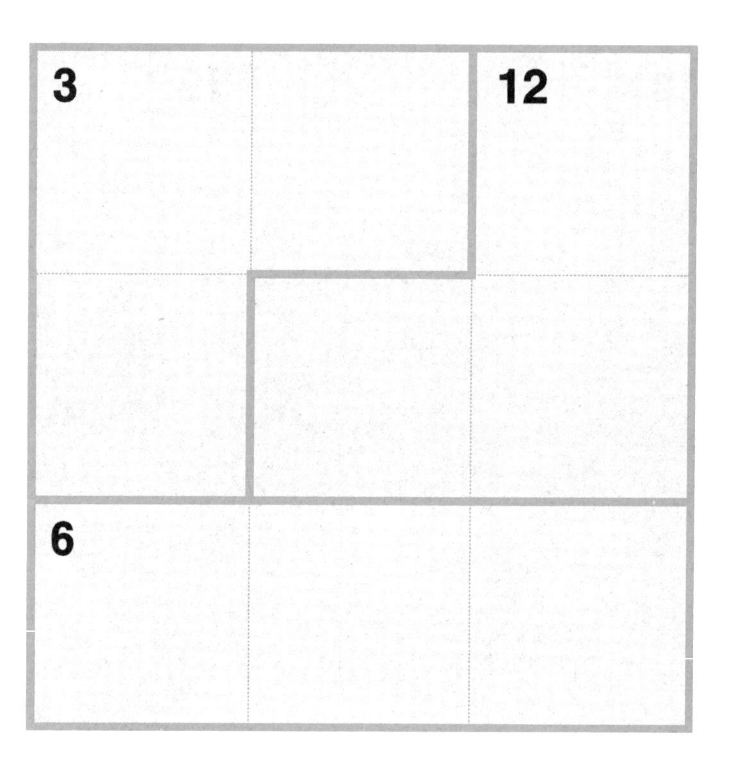

规则

1 在方格中分别填入 1~3 的数字

2 每一行、每一列都要分别填入 1~3 的数字

3 左上角的数字表示粗框内所填数字之积

段位认定书

十级

__________________同学

经审核，

你已达到《聪明格·6　乘法篇十级》要求，

授予你本《段位证书》。

希望你以成为数字游戏名人为目标，

快乐地挑战更刺激的难题。

宫本哲也

华东师范大学出版社《聪明格》编辑部

华东师范大学出版社《聪明格》编辑部 聪明格

家长签名：

年　　月　　日

9 级　1

2	12		3
4	1	6	
	8		4
3		2	

规则

1　在方格中分别填入 1～4 的数字

2　每一行、每一列都要分别填入 1～4 的数字

3　左上角的数字表示粗框内所填数字之积

9 级 1

2	12		3
4	1	6	
	8		4
3		2	

规则

1 在方格中分别填入 1~4 的数字

2 每一行、每一列都要分别填入 1~4 的数字

3 左上角的数字表示粗框内所填数字之积

1	12		2
12	2	6	
	4		12
2		1	

规则

1 在方格中分别填入 1~4 的数字

2 每一行、每一列都要分别填入 1~4 的数字

3 左上角的数字表示粗框内所填数字之积

9级 2

1	12		2
12	2	6	
	4		12
2		1	

规则

1 在方格中分别填入 1~4 的数字

2 每一行、每一列都要分别填入 1~4 的数字

3 左上角的数字表示粗框内所填数字之积

3	2	4	
2		4	6
	4	6	
12			1

规则

1 在方格中分别填入 1~4 的数字

2 每一行、每一列都要分别填入 1~4 的数字

3 左上角的数字表示粗框内所填数字之积

9级 3

3	2	4	
2		4	6
	4	6	
12			1

规则

1 在方格中分别填入 1～4 的数字

2 每一行、每一列都要分别填入 1～4 的数字

3 左上角的数字表示粗框内所填数字之积

4	2	2	3
	12		4
6		3	
	4		2

规则

1. 在方格中分别填入 1~4 的数字
2. 每一行、每一列都要分别填入 1~4 的数字
3. 左上角的数字表示粗框内所填数字之积

9级 4

4	2	2	3
	12		4
6		3	
	4		2

规则

1 在方格中分别填入 1~4 的数字

2 每一行、每一列都要分别填入 1~4 的数字

3 左上角的数字表示粗框内所填数字之积

9 级 5

3		4	8
3	4	2	
8			3
	2	3	

规则

1 在方格中分别填入 1～4 的数字

2 每一行、每一列都要分别填入 1～4 的数字

3 左上角的数字表示粗框内所填数字之积

9级 5

3		4	8
3	4	2	
8			3
	2	3	

规则

1 在方格中分别填入 1~4 的数字

2 每一行、每一列都要分别填入 1~4 的数字

3 左上角的数字表示粗框内所填数字之积

9级 6

1	3	8	
6		2	12
	4		
8		3	

规则

1 在方格中分别填入 1~4 的数字

2 每一行、每一列都要分别填入 1~4 的数字

3 左上角的数字表示粗框内所填数字之积

9级 6

1	3	8	
6		2	12
	4		
8		3	

规则

1 在方格中分别填入 1～4 的数字

2 每一行、每一列都要分别填入 1～4 的数字

3 左上角的数字表示粗框内所填数字之积

8	12		1
	4	6	
3		1	8
	6		

规则

1 在方格中分别填入 1~4 的数字

2 每一行、每一列都要分别填入 1~4 的数字

3 左上角的数字表示粗框内所填数字之积

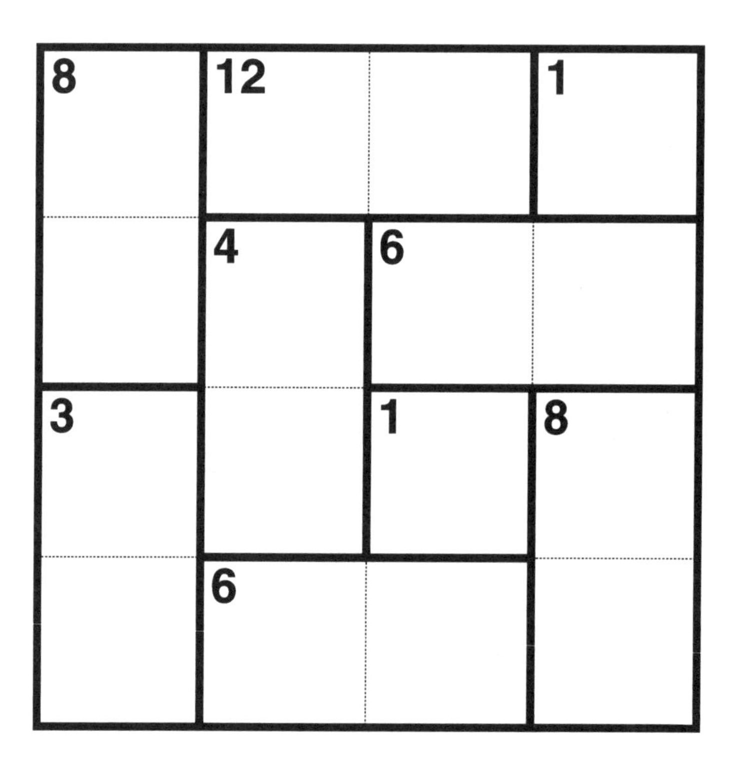

规则

1 在方格中分别填入 1~4 的数字

2 每一行、每一列都要分别填入 1~4 的数字

3 左上角的数字表示粗框内所填数字之积

8	4	3	
	2	4	6
3			
	6		4

规则

1 在方格中分别填入 1~4 的数字

2 每一行、每一列都要分别填入 1~4 的数字

3 左上角的数字表示粗框内所填数字之积

9级 8

8	4	3	
	2	4	6
3			
	6		4

规则

1 在方格中分别填入 1~4 的数字

2 每一行、每一列都要分别填入 1~4 的数字

3 左上角的数字表示粗框内所填数字之积

6	4		2
	12	3	
1		2	12
8			

规则

1 在方格中分别填入 1~4 的数字

2 每一行、每一列都要分别填入 1~4 的数字

3 左上角的数字表示粗框内所填数字之积

9级 9

6	4		2
	12	3	
1		2	12
8			

规则

1 在方格中分别填入 1～4 的数字

2 每一行、每一列都要分别填入 1～4 的数字

3 左上角的数字表示粗框内所填数字之积

6	8		4
	4	3	
4		6	
	3	2	

规则

1 在方格中分别填入 1~4 的数字

2 每一行、每一列都要分别填入 1~4 的数字

3 左上角的数字表示粗框内所填数字之积

9 级 10

6	8		4
	4	3	
4		6	
	3	2	

规则

1 在方格中分别填入 1~4 的数字

2 每一行、每一列都要分别填入 1~4 的数字

3 左上角的数字表示粗框内所填数字之积

24			6
2	3	4	
	4		
3		8	

规则

1 在方格中分别填入 1~4 的数字

2 每一行、每一列都要分别填入 1~4 的数字

3 左上角的数字表示粗框内所填数字之积

9级 11

24			6
2	3	4	
	4		
3		8	

规则

1　在方格中分别填入 1~4 的数字

2　每一行、每一列都要分别填入 1~4 的数字

3　左上角的数字表示粗框内所填数字之积

4	2	12	6
2			
	3		4
24			

规则

1 在方格中分别填入 1~4 的数字

2 每一行、每一列都要分别填入 1~4 的数字

3 左上角的数字表示粗框内所填数字之积

9级 12

4	2	12	6
2			
	3		4
24			

规则

1 在方格中分别填入 1~4 的数字

2 每一行、每一列都要分别填入 1~4 的数字

3 左上角的数字表示粗框内所填数字之积

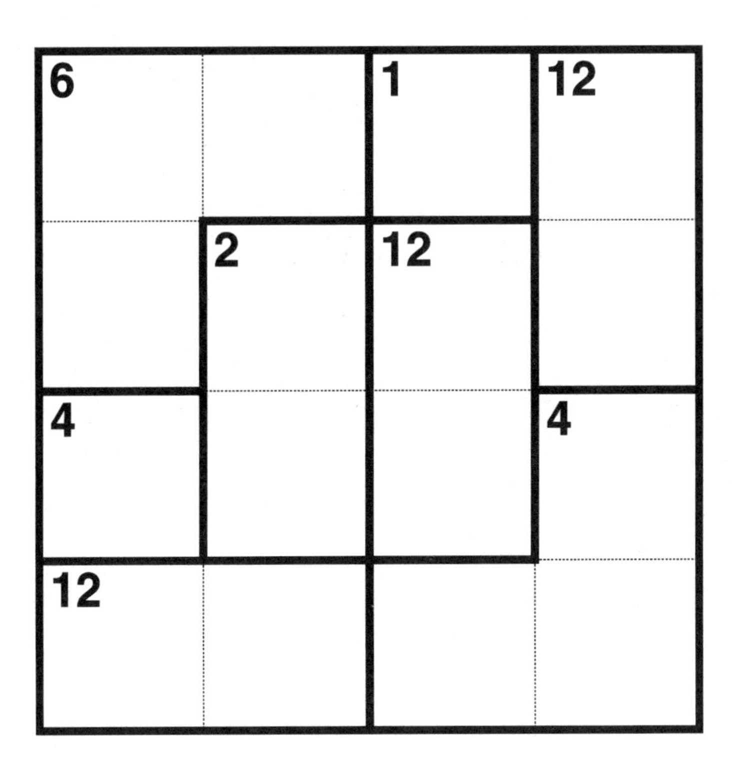

规则

1 在方格中分别填入 1~4 的数字

2 每一行、每一列都要分别填入 1~4 的数字

3 左上角的数字表示粗框内所填数字之积

9级 13

6		1	12
	2	12	
4			4
12			

规则

1 在方格中分别填入 1～4 的数字

2 每一行、每一列都要分别填入 1～4 的数字

3 左上角的数字表示粗框内所填数字之积

2		12	
	4	6	
24	6		1
		4	

规则

1 在方格中分别填入 1～4 的数字

2 每一行、每一列都要分别填入 1～4 的数字

3 左上角的数字表示粗框内所填数字之积

9级 14

2		12	
	4	6	
24	6		1
		4	

规则

1 在方格中分别填入 1~4 的数字

2 每一行、每一列都要分别填入 1~4 的数字

3 左上角的数字表示粗框内所填数字之积

1	4	18	
24		4	
	6		4
	2		

规则

1 在方格中分别填入 1～4 的数字

2 每一行、每一列都要分别填入 1～4 的数字

3 左上角的数字表示粗框内所填数字之积

9级 15

1	4	18	
24		4	
	6		4
	2		

规则

1 在方格中分别填入 1~4 的数字

2 每一行、每一列都要分别填入 1~4 的数字

3 左上角的数字表示粗框内所填数字之积

段位认定书

九级

______________________________同学

经审核，

你已达到《聪明格·6　乘法篇九级》要求，

授予你本《段位证书》。

希望你以成为数字游戏名人为目标，

快乐地挑战更刺激的难题。

宫本哲也

华东师范大学出版社《聪明格》编辑部

华东师范大学出版社《聪明格》编辑部 聪明格

家长签名：

年　　月　　日

8级 1

12		4	2
6			
4	2	12	
		6	

规则

1 在方格中分别填入 1~4 的数字

2 每一行、每一列都要分别填入 1~4 的数字

3 左上角的数字表示粗框内所填数字之积

8级 1

12		4	2
6			
4	2	12	
		6	

规则

1 在方格中分别填入 1～4 的数字

2 每一行、每一列都要分别填入 1～4 的数字

3 左上角的数字表示粗框内所填数字之积

8级 2

12	4		6
	6	2	
2			4
	12		

规则

1 在方格中分别填入 1~4 的数字
2 每一行、每一列都要分别填入 1~4 的数字
3 左上角的数字表示粗框内所填数字之积

8级 2

12	4		6
	6	2	
2			4
	12		

规则

1 在方格中分别填入 1～4 的数字

2 每一行、每一列都要分别填入 1～4 的数字

3 左上角的数字表示粗框内所填数字之积

8级 3

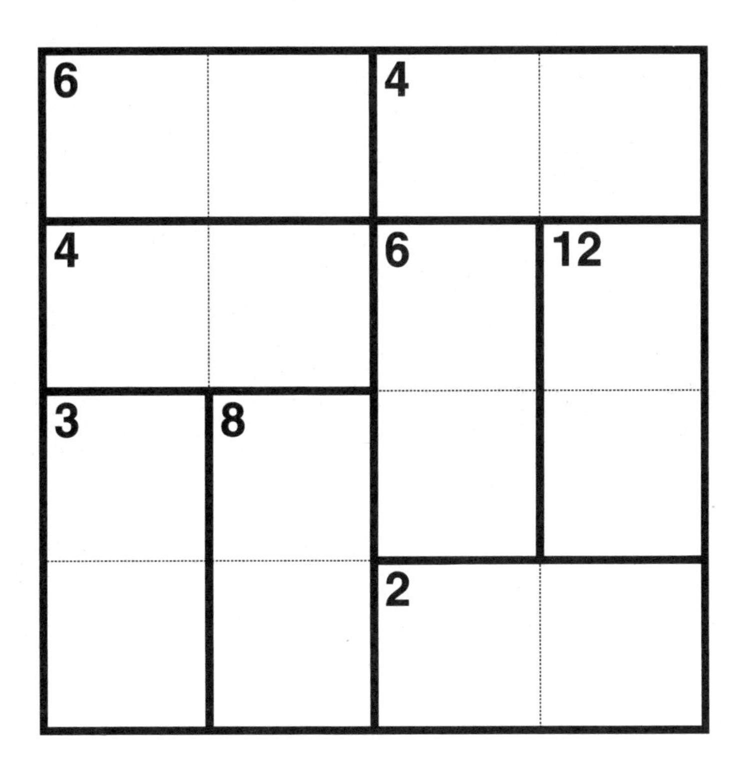

规则

1 在方格中分别填入 1~4 的数字

2 每一行、每一列都要分别填入 1~4 的数字

3 左上角的数字表示粗框内所填数字之积

8级 3

6		4	
4		6	12
3	8		
		2	

规则

1 在方格中分别填入 1~4 的数字

2 每一行、每一列都要分别填入 1~4 的数字

3 左上角的数字表示粗框内所填数字之积

8级 4

4	12		2
	6		
2		4	12
6			

规则

1 在方格中分别填入 1~4 的数字

2 每一行、每一列都要分别填入 1~4 的数字

3 左上角的数字表示粗框内所填数字之积

8级 4

4	12		2
	6		
2		4	12
6			

规则

1 在方格中分别填入 1~4 的数字

2 每一行、每一列都要分别填入 1~4 的数字

3 左上角的数字表示粗框内所填数字之积

8	12		
	12	6	8
3			
	2		

规则

1 在方格中分别填入 1~4 的数字

2 每一行、每一列都要分别填入 1~4 的数字

3 左上角的数字表示粗框内所填数字之积

8级 5

8	12		
	12	6	8
3			
	2		

规则

1 在方格中分别填入 1~4 的数字

2 每一行、每一列都要分别填入 1~4 的数字

3 左上角的数字表示粗框内所填数字之积

6		4	
12	4		6
	2		
	24		

规则

1 在方格中分别填入 1~4 的数字

2 每一行、每一列都要分别填入 1~4 的数字

3 左上角的数字表示粗框内所填数字之积

8级 6

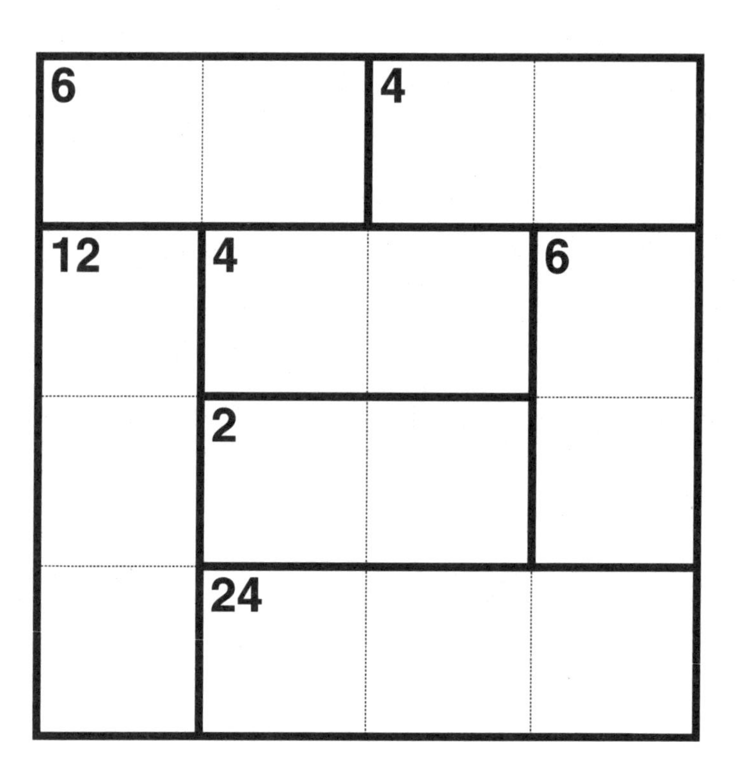

规则

1 在方格中分别填入 1~4 的数字

2 每一行、每一列都要分别填入 1~4 的数字

3 左上角的数字表示粗框内所填数字之积

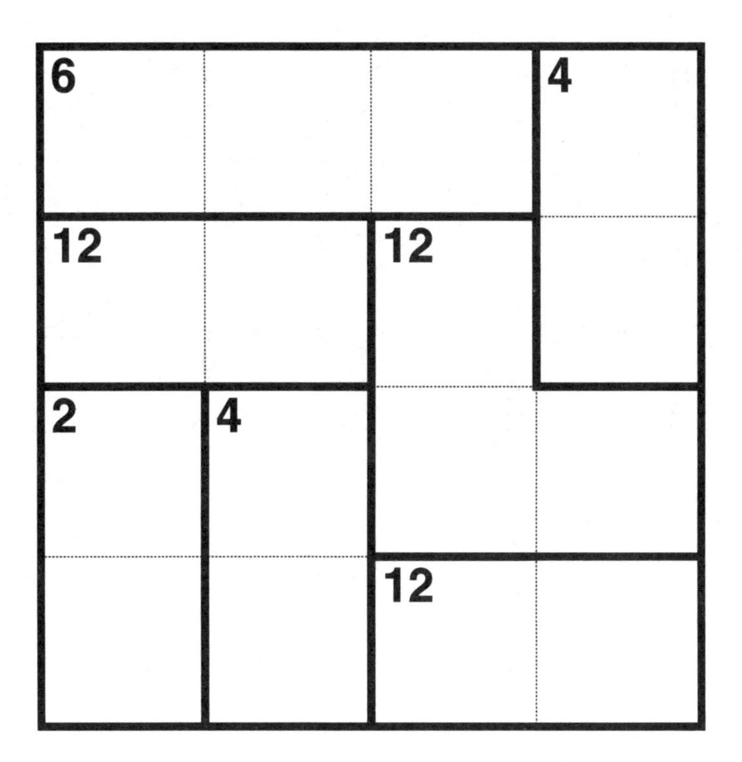

规则

1 在方格中分别填入 1～4 的数字

2 每一行、每一列都要分别填入 1～4 的数字

3 左上角的数字表示粗框内所填数字之积

8级 7

6			4
12		12	
2	4		
		12	

规则

1 在方格中分别填入 1~4 的数字

2 每一行、每一列都要分别填入 1~4 的数字

3 左上角的数字表示粗框内所填数字之积

8级 8

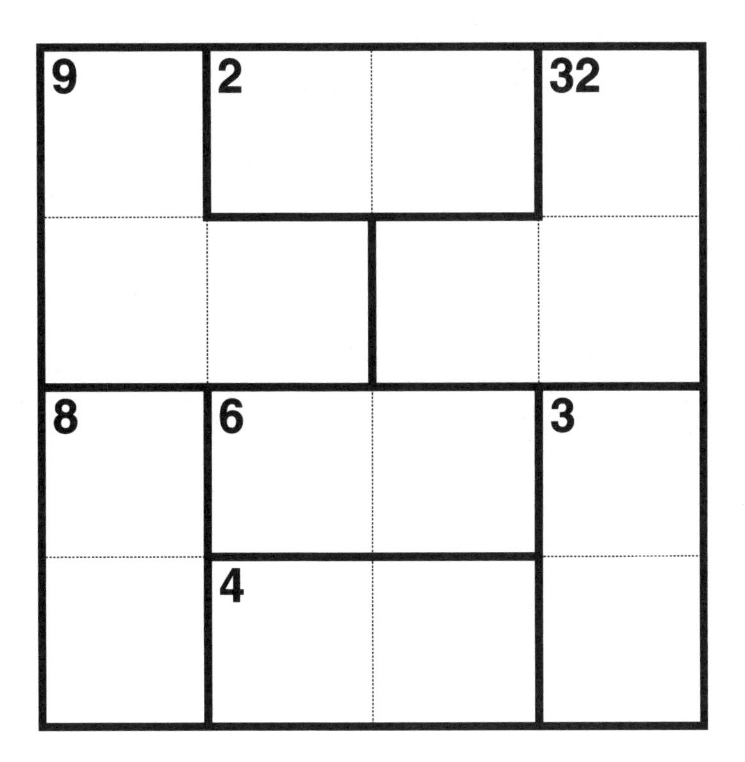

规则

1 在方格中分别填入 1～4 的数字

2 每一行、每一列都要分别填入 1～4 的数字

3 左上角的数字表示粗框内所填数字之积

8级 8

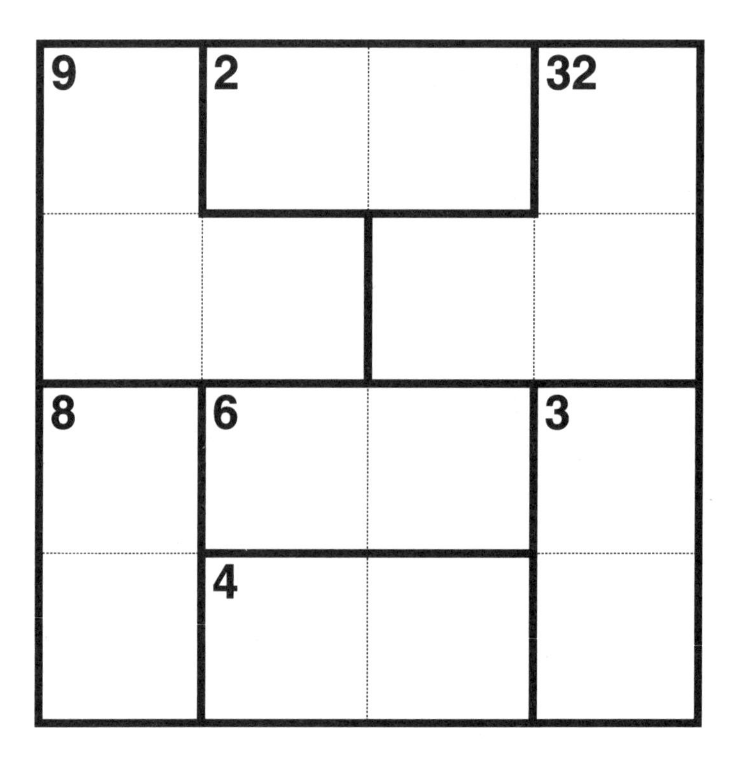

规则

1 在方格中分别填入 1~4 的数字

2 每一行、每一列都要分别填入 1~4 的数字

3 左上角的数字表示粗框内所填数字之积

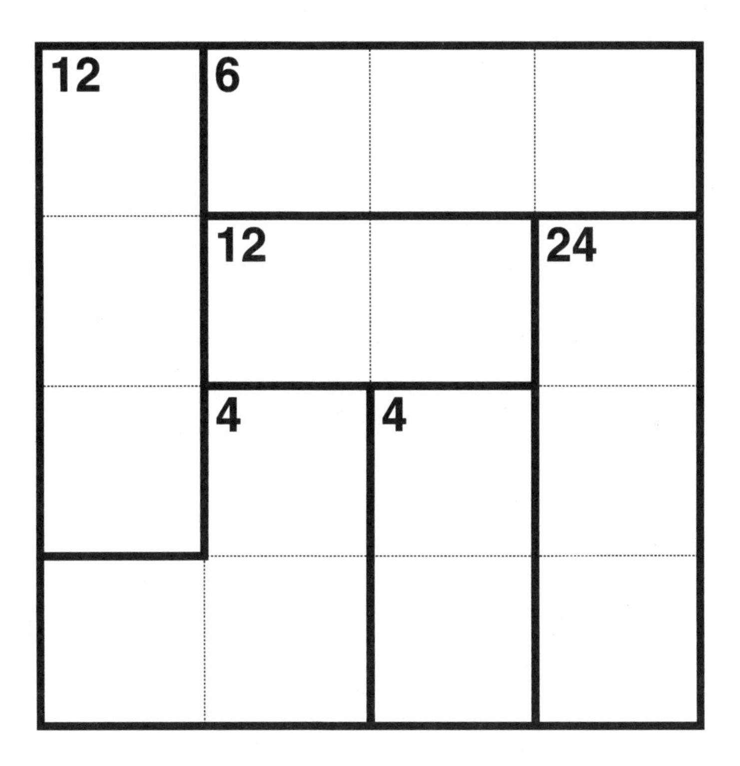

规则

1 在方格中分别填入 1~4 的数字

2 每一行、每一列都要分别填入 1~4 的数字

3 左上角的数字表示粗框内所填数字之积

8级　9

12	6		
	12		24
	4	4	

规则

1　在方格中分别填入 1~4 的数字

2　每一行、每一列都要分别填入 1~4 的数字

3　左上角的数字表示粗框内所填数字之积

6	12		
	8	4	
		6	
24			

规则

1 在方格中分别填入 1～4 的数字

2 每一行、每一列都要分别填入 1～4 的数字

3 左上角的数字表示粗框内所填数字之积

8级 10

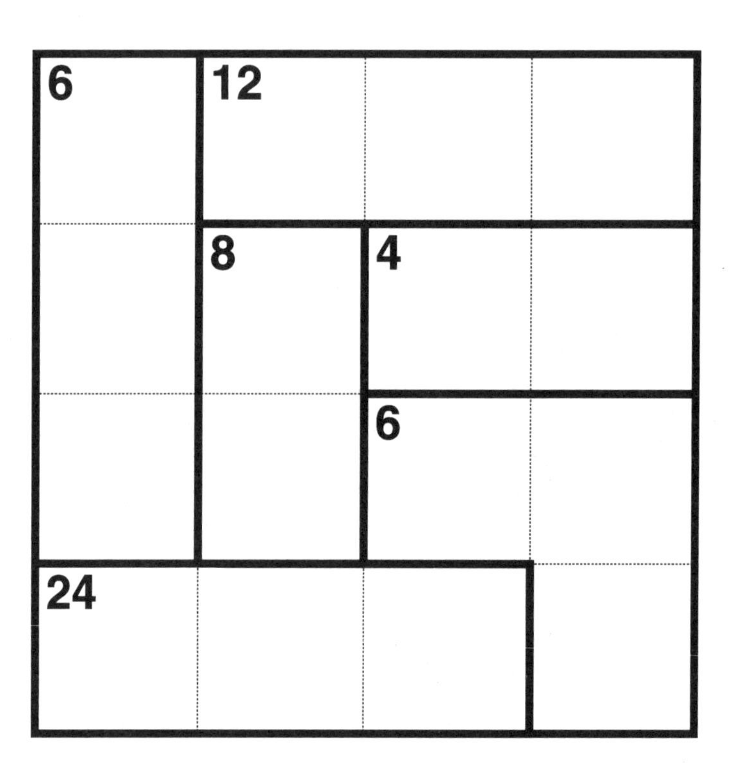

规则

1 在方格中分别填入 1～4 的数字

2 每一行、每一列都要分别填入 1～4 的数字

3 左上角的数字表示粗框内所填数字之积

8级 11

6	8		
	36		12
4	4		

规则

1 在方格中分别填入 1~4 的数字

2 每一行、每一列都要分别填入 1~4 的数字

3 左上角的数字表示粗框内所填数字之积

8 级 11

6	8		
	36		12
4	4		

规则

1 在方格中分别填入 1~4 的数字

2 每一行、每一列都要分别填入 1~4 的数字

3 左上角的数字表示粗框内所填数字之积

8 级 12

12	12		2
	12		
		48	
2			

规则

1 在方格中分别填入 1~4 的数字

2 每一行、每一列都要分别填入 1~4 的数字

3 左上角的数字表示粗框内所填数字之积

8 级 12

12	12		2
	12		
		48	
2			

规则

1 在方格中分别填入 1～4 的数字

2 每一行、每一列都要分别填入 1～4 的数字

3 左上角的数字表示粗框内所填数字之积

2	12		6
	8		
72			4

规则

1 在方格中分别填入 1~4 的数字

2 每一行、每一列都要分别填入 1~4 的数字

3 左上角的数字表示粗框内所填数字之积

8级 13

2	12		6
	8		
72			4

规则

1 在方格中分别填入 1～4 的数字

2 每一行、每一列都要分别填入 1～4 的数字

3 左上角的数字表示粗框内所填数字之积

段位认定书

八级

________________同学

经审核，
你已达到《聪明格·6　乘法篇八级》要求，
授予你本《段位证书》。
希望你以成为数字游戏名人为目标，
快乐地挑战更刺激的难题。

宫本哲也

华东师范大学出版社《聪明格》编辑部

家长签名：

年　　月　　日

参考答案

10级

10级-1

[2] 2	1	[3] 3
[3] 1	[6] 3	2
3	[2] 2	1

10级-2

[3] 1	3	[2] 2
[6] 3	[2] 2	1
2	[3] 1	3

10级-3

[2] 2	1	[3] 3
[3] 3	[2] 2	1
1	[6] 3	2

10级-4

[3] 1	[6] 2	[3] 3
3	1	[2] 2
[2] 2	3	1

10级-5

[2] 2	[6] 3	1
[3] 3	1	2
[2] 1	2	[3] 3

10级-6

[3] 3	1	[12] 2
1	2	3
[6] 2	3	1

9级

9级-1

[2] 2	[12] 3	4	[3] 1
[4] 4	[1] 1	[6] 2	3
1	[8] 2	3	[4] 4
[3] 3	4	[2] 1	2

9级-2

[1] 1	[12] 3	4	[2] 2
[12] 4	[2] 2	[6] 3	1
3	[4] 1	2	[12] 4
[2] 2	4	[1] 1	3

9级-3

[3] 3	[2] 2	[4] 1	4
[2] 2	1	[4] 4	[6] 3
1	[4] 4	[6] 3	2
[12] 4	3	2	[1] 1

参考答案

9级-4

[4] 4	[2] 2	[2] 1	[3] 3
1	[12] 3	2	[4] 4
[6] 2	4	[3] 3	1
3	[4] 1	4	[2] 2

9级-5

[3] 1	3	[4] 4	[8] 2
[3] 3	[4] 1	[2] 2	4
[8] 2	4	1	[3] 3
4	[2] 2	[3] 3	1

9级-6

[1] 1	[3] 3	[8] 4	2
[6] 3	1	[2] 2	[12] 4
2	[4] 4	1	3
[8] 4	2	[3] 3	1

9级-7

[8] 2	[12] 3	4	[1] 1
4	[4] 1	[6] 2	3
[3] 3	4	[1] 1	[8] 2
1	[6] 2	3	4

9级-8

[8] 2	[4] 4	[3] 3	1
4	[2] 2	[4] 1	[6] 3
[3] 3	1	4	2
1	[6] 3	2	[4] 4

9级-9

[6] 3	[4] 1	4	[2] 2
2	[12] 4	[3] 3	1
[1] 1	3	[2] 2	[12] 4
[8] 4	2	1	3

9级-10

[6] 3	[8] 2	4	[4] 1
2	[4] 1	[3] 3	4
[4] 1	4	[6] 2	3
4	[3] 3	[2] 1	2

9级-11

[24] 4	2	3	[6] 1
[2] 1	[3] 3	[4] 4	2
2	[4] 4	1	3
[3] 3	1	[8] 2	4

9级-12

[4] 4	[2] 1	[12] 3	[6] 2
[2] 1	2	4	3
2	[3] 3	1	[4] 4
[24] 3	4	2	1

参考答案

9 级- 13

[6] 2	3	[1] 1	[12] 4
1	[2] 2	[12] 4	3
[4] 4	1	3	[4] 2
[12] 3	4	2	1

9 级- 14

[2] 2	1	[12] 4	3
1	[4] 4	[6] 3	2
[24] 4	[6] 3	2	[1] 1
3	2	[4] 1	4

9 级- 15

[1] 1	[4] 4	[18] 3	2
[24] 2	1	[4] 4	3
4	[6] 3	2	[4] 1
3	[2] 2	1	4

8 级

8 级- 1

[12] 3	4	[4] 1	[2] 2
[6] 2	3	4	1
[4] 1	[2] 2	[12] 3	4
4	1	[6] 2	3

8 级- 2

[12] 3	[4] 1	4	[6] 2
4	[6] 2	[2] 1	3
[2] 1	3	2	[4] 4
2	[12] 4	3	1

8 级- 3

[6] 2	3	[4] 4	1
[4] 4	1	[6] 2	[12] 3
[3] 1	[8] 2	3	4
3	4	[2] 1	2

8 级- 4

[4] 1	[12] 4	3	[2] 2
4	[6] 3	2	1
[2] 2	1	[4] 4	[12] 3
[6] 3	2	1	4

8 级- 5

[8] 2	[12] 1	4	3
4	[12] 3	[6] 2	[8] 1
[3] 1	4	3	2
3	[2] 2	1	4

8 级- 6

[6] 2	3	[4] 4	1
[12] 3	[4] 4	1	[6] 2
4	[2] 1	2	3
1	[24] 2	3	4

参考答案

8级-7

[6] 3	2	1	[4] 4
[12] 4	3	[12] 2	1
[2] 1	[4] 4	3	2
2	1	[12] 4	3

8级-8

[9] 3	[2] 1	2	[32] 4
1	3	4	2
[8] 4	[6] 2	3	[3] 1
2	[4] 4	1	3

8级-9

[12] 4	[6] 3	2	1
1	[12] 4	3	[24] 2
3	[4] 2	[4] 1	4
2	1	4	3

8级-10

[6] 2	[12] 1	4	3
3	[8] 2	[4] 1	4
1	4	[6] 3	2
[24] 4	3	2	1

8级-11

[6] 3	[8] 4	1	2
2	[36] 3	4	[12] 1
[4] 1	[4] 2	3	4
4	1	2	3

8级-12

[12] 1	[12] 4	3	[2] 2
4	[12] 3	2	1
3	2	[48] 1	4
[2] 2	1	4	3

8级-13

[2] 1	[12] 4	3	[6] 2
2	[8] 1	4	3
[72] 4	3	2	[4] 1
3	2	1	4

段位认定书

初级

_______________同学

经审核，
你已达到《聪明格·6　乘法篇初级》要求，
授予你本《段位证书》。
希望你以成为数字游戏名人为目标，
快乐地挑战更刺激的难题。

宫本哲也

华东师范大学出版社《聪明格》编辑部

华东师范大学出版社《聪明格》编辑部 聪明格

家长签名：

年　　月　　日

计算模块
《聪明格·7　乘法篇中级》
预告

以下的游戏答案将在《聪明格·7　乘法篇中级》中刊登

12×		1	2÷	20×
2	15×			
5×	2÷	3	20×	2
		2÷		3÷
20×			3	

规则

1. 在方格中分别填入 1～5 的数字
2. 每一行、每一列都要分别填入 1～5 的数字
3. 左上角的数字和“×”、“÷”符号，分别表示粗框内所填数字之积、商
4. 左上角只有 1 个数字时（无“×”、“÷”符号），就将该数字填入此方格中